Peyre

Appareil-Cuisine
Distillatoire

N. 1843.

APPAREIL
CUISINE-DISTILLATOIRE

POUR RENDRE

SANS FRAIS *L'EAU DE MER* POTABLE

A BORD DES NAVIRES.

MM. Peyre et Rocher, de Nantes,
Inventeurs.

Nantes.
IMPRIMERIE DU COMMERCE,
V. MANGIN ET W. BUSSEUIL.

Mai 1843.

LISTE DES NAVIRES

QUI SE SERVENT DES APPAREILS CUISINES-DISTILLATOIRES

de l'invention de MM. Peyre et Rocher, de Nantes.

Navires de Guerre.

La corvette l'*Aube*, commandant Lavaud.
La frégate à vapeur l'*Asmodée*, commandant Barbotin.
La frégate à vapeur le *Gomer*, commandant Laurencin.
Une corvette de la marine royale de Suède.
La corvette l'*Alcmène*.

Le *Christophe-Colomb*, paquebot transatlantique de 450 chevaux.		
L'*Albatros*,	d°	d°
Le *Cacique*,	d°	d°
Le *Caraïbe*,	d°	d°
Le *Canada*,	d°	d°
Le *Groënland*, paquebot transatlantique de 450 chevaux.		
L'*Eldorado*,	d°	d°
Le *Darien*,	d°	d°
Le *Labrador*,	d°	d°
Le *Magellan*,	d°	d°
Montézuma,	d°	d°
L'*Orénoque*,	d°	d°
Le *Panama*,	d°	d°
L'*Ulloa*,	d°	d°

Navires de Nantes.

Le *Suffren*	capitaine	Simon	armateurs MM.	P. Dupuis.
L'*Edith*	»	Sire	»	H. Chauvet et A. Couat.
L'*Aigle*	»	Landreau	»	E. Toché et A. Nogues.
Le *Brave-Lamoricière*	»	Moreau	»	J.-V. et G. Lauriol.
L'*Oriental-Hydrographe*	»	Lucas	»	J. Despecher et A. Bonnefin.
Le *Henri*	»	Duboy	»	A. Villain et E. Vimont.
L'*Auguste-Marie*	»	Lebesque	»	Braheix frères.
Le *Gol*	»	Lesport	»	G. Chauvet et A. Berthault.
La *Nantaise*	»	Courtois	»	A.-H. Bonamy.
Les *Deux-Frères*	»	Chauveau	»	F. Queneau.
Le *Cérès*	»	Espitalier	»	P.-J. Maes.
La *Bellone*	»	Fitau	»	Berhault fils de l'aîné et Fitau.

Navires de Saint-Malo.

Le *Marie-Joseph*	capitaine	***	armateur M.	Duhautcilly.

Navires de Bordeaux.

L'*Oscar*	capitaine	Latapie	armateurs MM.	J. Sorbé et fils.
Le *Châteaubriand*	»	Laborde	»	Beyssac et Gauttier.
Le *Luiz-d'Albuquerque*	»	Bellet	»	Balguerie et C°.
Le *Vischnou*	»	Débia	»	Durin Chaumel jeune et C°.
Le *Globe*	»	Beck	»	J-J. Bosc.
Le *Paul*	»	Gauttier	»	Gauttier.
La *Nouvelle-Gabrielle*	»	Dupouy	»	V° Delbos et fils.
Le *Jeune-Edouard*	»	Laguerenne	»	A. David.
Le *Jules-César*	»	Blay	»	Merckell et Schroder.
Le *Lyon*	»	Bonnet	»	Dourdin et C°.
L'*Alfred*	»	Du Bertrand	»	Tandonnet frères.
La *Joven-Petipa*	»	***	»	Echenique et C°.
Le *Vicomte-de-Châteaubriand*	»	Gicqueaux	»	***.
La *Diane*	»	Ireland	»	V° Fabre et fils.
Le *Bordeaux*	»	Legros	»	A. Pelletreau et C°.
L'*Amélie*	»	Bonnefond	»	Ch. Laporte.
Le *Laborieux*	»	Fleury	»	O'Kelly.
Le *Courrier-de-la-Plata*	»	Belzaguy		

Navires de Bayonne.

Le *Célestin*	capitaine	Lacouture	armateurs MM.	Robby.
Le *Jeune-Marseillais*	»	Ollion	»	Ch. Ollion.
La *Léopoldine-Rosa*	»	Frappaz	»	Goyetche.
Le *Capelan*	»	Hiribarren	»	Goyetche.
La *Nelly-Mathilde*	»	Laborde	»	***.
L'*Adèle-et-Julie*	»	Harouard	»	Molinié.
La *Marie-Catherine*	»	***	»	Robby.

Navires d'Amsterdam.

La *Maria-Suzanna-Hendrika*	capitaine	Berghuis	armateurs MM.	***.
La *Doctrina-Amicitia*	»	Zweers	»	***.
La ***	»	***	»	J. Luden.

APPAREIL
CUISINE-DISTILLATOIRE

POUR RENDRE *SANS FRAIS*

POTABLE

A BORD DES NAVIRES.

MM. PEYRE ET ROCHER, DE NANTES,
INVENTEURS.

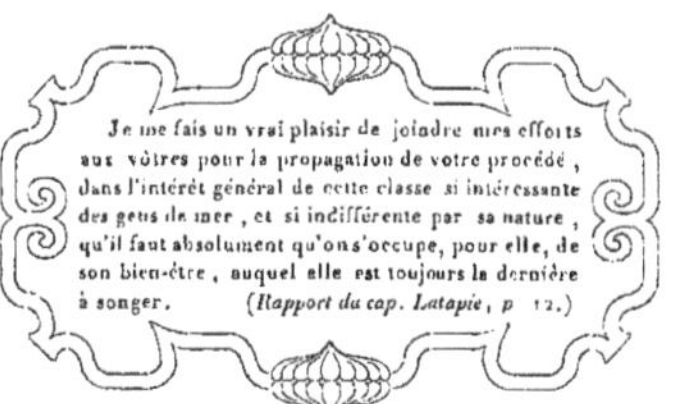

Je me fais un vrai plaisir de joindre mes efforts aux vôtres pour la propagation de votre procédé, dans l'intérêt général de cette classe si intéressante des gens de mer, et si indifférente par sa nature, qu'il faut absolument qu'on s'occupe, pour elle, de son bien-être, auquel elle est toujours la dernière à songer. (*Rapport du cap. Latapie*, p 12.)

NANTES
IMPRIMERIE DU COMMERCE,
V. MANGIN ET W. BUSSEUIL.

Mai 1843.

TABLE.

Liste des navires qui sont déjà munis de cet appareil.......................
Notice... 3
Rapport fait à la Chambre de Commerce de Nantes........................ 5
Rapport fait à la Société Royale Académique de Nantes.................... 6
Rapport de la Commission Supérieure de la Marine de Rochefort.......... ibid
Rapport de la Commission Secondaire de la Marine de Rochefort.......... 7
Rapport de l'Institut des Pays-Bas.................................. 8
Première lettre du cap. *Sire*, commandant le navire l'*Edith*, armateurs MM. H. Chauvel et A. Couat.. 9
Deuxième lettre du même cap. *Sire*, au rédacteur du Lloyd Nantais........... ibid
Première lettre du cap. *Simon*, commandant le navire *Suffren*, arm. M. P. Dupuis. 10
Deuxième lettre du même cap. *Simon*.................................. ibid
Premier rapport au *ministre*, fait par le commandant *Lavaud*, de la corvette l'*Aube*. ibid
Deuxième rapport du même.. 11
Lettre du cap. *Lucas*, commandant le navire *Oriental-Hydrographe*, à ses armateurs MM. J. Despecher et A. Bonnefin.............................. ibid
Rapport du cap. *Latapie*, commandant le navire l'*Oscar*, armateur MM. J. Sorbé et fils... ibid
Rapport des cap. hollandais *Berghuis* et *Zweers*.......................... 13
Rapport du cap. *Débia*, commandant le *Vischnou*, armateurs MM. Durin Chaumel jeune et C°.. ibid
Procès-verbal de recette de la Marine de Rochefort, de l'appareil mis sur la frégate à vapeur le *Gomer*.. 14
Procès-verbal de recette de la Marine de Rochefort, de l'appareil mis sur la corvette l'*Alcmène*.. 15
Extrait du Lloyd Nantais... ibid
Lettre du cap. *Beck*, commandant le navire le *Globe*, armateurs MM. J.-J. Bosc et C°. ibid
Rapport du cap. *Courtois*, commandant le navire la *Nantaise*, armateur M. A.-H. Bonamy.. ibid
Première lettre du cap. *Blay*, commandant le navire le *Jules-César*, armateurs MM. Merckell et Schroder.. 16
Deuxième lettre du même, à son retour de *Noukahiva* (une des îles Marquises)... ibid
Vue perspective de l'appareil..
Prix courant des appareils..
Principaux ports où sont établis des dépôts de l'appareil.....................
Résumé des principaux avantages offerts par l'appareil.....................

NOTICE.

Rendre l'eau de mer potable, c'était résoudre une des questions les plus intéressantes pour la navigation.

Aussi cette solution avait-elle occupé, depuis long-temps, grand nombre d'esprits sérieux et de marins instruits.

Au point de vue de la science, plusieurs solutions satisfaisantes avaient été trouvées; mais, pour être utile, il faut qu'une découverte soit non-seulement ingénieuse ou savante, il faut encore qu'elle puisse être d'une application facile, usuelle, pratique, peu dispendieuse.

C'est devant ces conditions que toutes avaient échoué jusqu'ici.

Après 15 ans de recherche, M. Peyre, chimiste à Saint-Etienne, crut avoir réussi. Il confectionna un appareil qu'il eut occasion de soumettre à l'expérience pratique de M. Rocher, fabricant de chaudières à vapeur, à Nantes.

L'idée était féconde, mais loin d'être complète.

Ils travaillèrent ensemble long-temps encore, firent de nombreux essais, et l'appareil, qu'ils ont pu enfin livrer au commerce, offre incontestablement tous les avantages dont la réunion pouvait seule rendre usuelle cette belle invention.

L'appareil de MM. Peyre et Rocher, est simplement une cuisine de navire, en cuivre étamé.

Elle ne tient pas plus de place, elle n'exige pas plus de soin que les cuisines jusqu'ici en usage.

Un four permet de cuire le pain et de rôtir les viandes, et dans des marmites évasineptiques cuisent la soupe, les légumes et tout ce que l'on veut faire bouillir.

Pendant ce temps, et avec le même combustible, qui a servi à la cuisson des aliments, l'eau de mer dont l'appareil se remplit au moyen d'une pompe, est distillée et coule comme d'une fontaine, transformée en une eau douce, potable, d'une pureté entière, conséquemment parfaitement saine, et que l'on peut boire immédiatement.

La quantité produite dépend de la grandeur des appareils.

Le service de ces cuisines est si simple que, dans deux ou trois jours, des cuisiniers ou des matelots peuvent être formés à les conduire facilement.

L'expérience de plus de cinq années de navigation ne laisse plus de doute sur l'utilité, nous dirions presque la nécessité de ces appareils.

Sécurité, salubrité, économie, tels sont les résultats qui les recommandent.

Le coût primitif de ces appareils est couvert et au-delà, dès le premier voyage, par l'augmentation de fret qu'ils permettent de prendre, en remplaçant les pièces à eau par des marchandises, et par l'économie des frais qu'auraient coûté les pièces à eau.

Ces avantages sont surtout inappréciables pour les navires qui transportent des émigrans ou des animaux.

Aussi la marine marchande a-t-elle adopté ces appareils comme économiques.

L'administration de la marine, après les avoir éprouvés de toutes les façons, et notamment par une expérimentation de trois ans à bord de la corvette l'*Aube*, commandant Lavaud, et ensuite à bord des frégates à vapeur *Gomer*, *Asmodée* et la corvette l'*Alcmène*, vient de donner à cette belle découverte la plus imposante consécration, en prescrivant l'emploi, d'une manière générale, des cuisines Peyre et Rocher.

Nous renvoyons, au surplus, aux rapports qui suivent, et dont l'ensemble forme certainement l'approbation la plus complète que l'on puisse désirer.

Les Gérants de la Société de Distillation d'Eau de Mer,

A. CARIÉ ET Cie

Nantes, 15 Mai 1843.

Rapport fait à la Chambre de Commerce de Nantes.

Nous, soussignés, membres de la commission nommée par la Chambre de Commerce de Nantes, sous la présidence de M. F. Vallée, qui fait partie de cette chambre, à l'effet de procéder à une nouvelle distillation d'eau de mer, sur la demande de M. Rocher, ayant préalablement envoyé à Belle-Ile des pièces vides, que M. Louis Loréal, négociant audit lieu, y a fait remplir sous ses yeux, en rade du Palais, qu'il a fait ensuite bonder et sceller de son cachet; le capitaine Bedex étant arrivé à Nantes avec ces pièces d'eau de mer, elles ont été transportées à l'établissement de M. Rocher, rue du Chapeau-Rouge, où nous nous sommes réunis le vendredi 21 avril 1837, à midi, et avons d'abord reconnu les sceaux apposés par M. Loréal.

Les pièces ayant été débondées, l'eau en a été dégustée par nous, et bien reconnue pour être de l'eau de mer; mais, pour surcroît de preuves, et couper court à toute objection, cette eau a été essayée par MM. Guiomar et Moisan, pharmaciens-chimistes, au moyen de diverses préparations. De sorte que toute la commission est demeurée bien convaincue que l'eau de mer présentée est telle qu'on la trouve et qu'on peut l'employer dans les voyages de long-cours.

Le fourneau fut allumé avec du menu bois à midi trois quarts; on l'a rempli de charbon de terre à une heure. La distillation a commencé à une heure quarante minutes. A deux heures deux minutes, en prenant à différentes fois, avec une montre à secondes, le produit de la distillation, pendant une minute, elle donnait de 53 à 54 litres à l'heure.

A deux heures six minutes, on a commencé à réunir dans un jarre l'eau distillée par l'appareil; à trois heures six minutes, on a cessé de mesurer cette quantité d'eau, qui s'est trouvée de cinquante-cinq litres; mais il faut observer que, pendant le cours de l'expérience, sur les demandes qui ont été faites à M. Rocher, s'il ne devait pas être possible de retirer les chaudières de dessus la cuisine, ce Monsieur s'est empressé d'enlever la plus forte des chaudières, ce qui n'a eu aucun inconvénient, si ce n'est la déperdition d'une grande quantité de vapeur qui s'est répandue dans l'appartement, et a ralenti notablement la distillation. En outre, on avait négligé de remplir la chaudière à mesure que l'évaporation se faisait, et par suite, on n'avait pas renouvelé avec de l'eau de mer froide celle qui aurait dû passer dans la chaudière; de manière que l'eau du réfrigérant avait fini par atteindre 70 ou 80 degrés de chaleur, ce qui a encore contribué à paralyser un peu l'opération. En conséquence, nous ne pensons pas que l'on puisse évaluer à moins de soixante litres par heure la quantité d'eau distillée, si l'appareil eût fonctionné sans aucun dérangement.

Du pain mis au four à deux heures dix-huit minutes, en a été retiré à trois heures douze minutes. Nous l'avons fait ouvrir encore tout bouillant, et avons été unanimement d'avis qu'il était aussi bon que s'il eût été cuit dans un four ordinaire. Dans le même temps, un potage gras cuisait dans une des chaudières, des pommes de terre dans une autre, et cela sans qu'on s'en occupât.

Lorsque la première eau distillée a été refroidie et soumise à la ventilation, nous en avons tous bu: nous l'avons trouvée *parfaitement douce et excellente. En la comparant, pour le goût, avec de l'eau de Loire filtrée, et avec de l'eau, également filtrée, de différentes sources, nous avons jugé qu'elle était aussi bonne.*

L'eau de mer distillée dans l'appareil de M. Rocher a été soumise à l'examen chimique.

Les réactifs suivants n'y ont produit aucun changement:

Le nitrate de baryte,
L'oxalate d'ammoniaque,
Le sous-acétate de plomb,
L'hydrocyanate de potasse,
Les sulfates solubles,
Les papiers de tournesol et de curcuma,
La fécule acidulée.

Mais le nitrate d'argent y a décélé des traces légères de chlorure de sodium. Douze litres de cette eau ont été évaporés avec soin, et n'ont laissé qu'un résidu pesant un grain.

L'eau de Loire filtrée essayée comparativement a été trouvée bien moins pure, puisque, nonobstant une plus grande quantité de chlorures, elle contient aussi des sulfates,

Nous jugeons donc que l'appareil de MM. Peyre et Rocher remplit en tout point le but qu'il s'est proposé, de faire la cuisine des marins et de distiller en même temps l'eau douce nécessaire à la consommation du bord, en employant une très-modique quantité de combustible.

Il n'est pas douteux que cet appareil ne soit trouvé d'une grande économie, surtout pour les expéditions lointaines, et que, dans quelques années, tous les navires nouvellement construits en seront pourvus.

Le présent déposé à la Chambre de Commerce, le 26 avril 1837.

Signé : Le Président de la Commission, F. Vallée, armateur;
J.-M. Bellanger, lieutenant de vaisseau en retraite, capitaine de port;
Guiomar, pharmacien;
C.-A. Moisan, pharmacien;
F. Jalaber, capitaine au long-cours, secrétaire,

Pour copie conforme à l'original déposé aux Archives:

Les Membres composant la Chambre de Commerce de Nantes,

Le Quen président, F. Coquebert, Prosper Levesque, T. Cheguillaume, L. Lépertière, Hippolyte Braheix, A. Garnier-Haranchipy, F. Vallée, P. Haranchipy, Watier, Ed. Gouin, A.-S. Bernard, Ferdinand Favre.

Rapport de M. Leloup à la Société Académique du département de la Loire-Inférieure.

MESSIEURS,

L'APPAREIL dont je vais avoir l'honneur de vous entretenir a été, de la part de son inventeur, le projet d'un sujet de communication à votre président, par suite de laquelle une commission, composée *de MM. Ferdinand Favre, maire de Nantes; Guépin, docteur-médecin, et moi*, a été nommée, pour rendre à la Société Royale Académique compte de cette découverte. Je viens, en qualité de rapporteur de la commission, vous faire connaître le résultat de notre examen.

La non-adoption de tous les appareils proposés prouve qu'aucun ne réunissait les conditions de simplicité, de commodité et d'économie voulues; voyons maintenant si celui de MM. Peyre et Rocher a résolu le problême complet.

Voici comment l'appareil a fonctionné devant nous : Après avoir rempli aux deux tiers la caisse à foyer avec l'eau de mer, on a mis trois ou quatre pains dans le four, dans deux des marmites des viandes de différentes espèces, dans les autres des légumes avec l'eau et le sel nécessaires; on a chargé le foyer avec de la houille moyenne, et adapté le col de cygne au réfrigérant. *La cuisson du pain a demandé une heure, celle des légumes une heure et demie, celle des viandes deux heures et demie. Dans cet intervalle nous avons obtenu* **150** *litres d'eau distillée, exempte d'odeur d'empyreume, ce qui donne un litre d'eau pure à la minute, soit pour une distillation continue,* **720** *litres d'eau par jour de douze heures; la consommation du charbon de terre a été de* **10** *kilog. pour deux heures et demie, soit* **48** *kilog. pour douze heures de feu.*

Les viandes, le pain, les légumes *avaient été préparés avec de l'eau distillée*, obtenu précédemment par ce même appareil; tous ces aliments étaient *de fort bon goût;* aucune entrave n'a arrêté l'opération, *on n'a eu d'autre soin que d'ajouter du combustible* de temps à autre, et de rafraîchir l'eau du réfrigérant.

L'opération terminée, on a mis l'eau provenant de la distillation dans un vase convenable, et, au *moyen d'un soufflet*, on y a introduit de l'air atmosphérique pendant quelques instants. *Après cette manœuvre, l'eau était légère, de très-bon goût, nous l'avons même trouvée supérieure à de l'eau de source* qui nous fut donnée en comparaison et qui jouit à Nantes d'une grande réputation de bonté.

Au reste, notre opinion sur sa pureté a été confirmée par les épreuves auxquelles nous l'avons soumise; en effet, *cette eau est tout-à-fait inodore, elle cuit bien les légumes, elle dissout bien le savon.* L'aréomètre n'a présenté aucune différence entre cette eau et celle de source distillée. — L'acétate de plomb, l'eau de baryte, les sulfates solubles, l'oxalate d'ammoniaque, le sous-carbonate et l'hydrocyanate de potasse n'ont apporté aucun changement dans sa transparence; le nitrate d'argent seul y a produit un nuage léger, beaucoup moins sensible que celui que ce même réactif détermine dans l'eau de Loire filtrée; ce qui indique, que, bien que cette eau retienne quelques particules de chlorure de sodium (comme cela arrive toujours, même dans les eaux de rivière distillées avec soin dans les laboratoires, à moins qu'on ne fractionne les produits), elle ne contient pas de matières animales ou végétales, de sels calcaires ou magnésiens, non plus que de particules métalliques; *en un mot qu'elle est plus pure que toutes les eaux douces embarquées journellement pour le service de la marine.* — Il résulte clairement des détails donnés sur la forme de l'appareil de MM. Peyre et Rocher, que, *quels que soient les mouvements du navire et la violence des chocs que la lame peut lui donner, fût-il même constamment incliné sous un angle de 45°, aucune portion d'eau salée ne peut passer dans le serpentin, et qu'il fonctionne également dans tous les temps, sans beaucoup de soins et avec moins de dangers d'incendie, que n'en présentent les cuisines ordinaires.*

Vous comprenez, Messieurs, sans qu'il soit besoin d'insister davantage, combien il est à désirer que cette utile invention soit propagée; les raisons d'économie, de salubrité, les pertes de temps en relâches coûteuses, les frais d'embarquement d'eau, les achats même quelquefois de ce liquide si indispensable, les dangers d'incendie en mer, toutes ces causes sont prévues par son usage. *Les graves maladies qui résultent de l'emploi de l'eau qui a séjourné ou s'est gâtée dans les barriques, deviendront plus rares. Le linge de l'équipage sera blanchi à l'eau douce tiède, en utilisant toute la portion échauffée dans le réfrigérant et y ajoutant un peu de soude brute, qui précipitera et décomposera les sels de mer.* ENFIN, LE MANQUE D'EAU DOUCE NE VIENDRA PLUS EXPOSER NOS MARINS AUX TOURMENTS DE LA SOIF, AUX MALADIES SCORBUTIQUES.

Extrait d'un rapport fait par la Commission Supérieure de la Marine de Rochefort, nommée par M. le Préfet Maritime, en vertu d'Instruction Ministérielle.

EN exécution de la dépêche ministérielle en date du 15 décembre 1838, Monsieur le contre-amiral préfet maritime du 4e arrondissement a nommé une commission spéciale chargée de mettre en expérience un nouvel appareil distillatoire présenté par MM. Peyre et Rocher, de Nantes. Cette commission, composée de :

MM. ROY, capitaine de vaisseau, président;
GARNIER, ingénieur de la marine;
ALLÈGRE, capitaine de corvette;
GRIMAUD, professeur de pharmacie;
MEUNIER, sous-commissaire;
CROS, sous-ingénieur de la marine;

Après s'être réunie au bureau du président, s'est transportée dans le local des petites forges où avait été monté l'appareil : là elle l'a examiné dans tous ses détails.

L'examen de l'appareil terminé, la commission l'a fait, en sa présence, charger d'eau de mer prise à l'entrée de la rade des Basques, aux deux tiers de flot, et apportée à Rochefort dans des caisses en fer.

Le feu a été allumé à midi, la chaudière étant chargée d'eau salée et froide; l'ébullition a eu lieu après 52 minutes de chauffe, pendant lesquelles on a brûlé 5 kilog. 70 de charbon. L'expérience a duré jusqu'à 4 heures; la quantité d'eau douce recueillie pendant ce temps a été de 223 litres, et la quantité de charbon consommé, de 20 kilog. 50. Ainsi, en mettant à part le combustible employé à porter l'eau à l'ébullition, on a obtenu dans une heure :

Un produit de 71 litres d'eau douce pour une dépense de 6 kilog. 54 de charbon.

Un pain de 50 grammes placé dans le four, a été retiré bien cuit au bout de 21 minutes.

En même temps que l'on constatait les produits de l'appareil distillatoire, on avait mis, dans les marmites, des pommes de terre, des haricots et du bœuf.

Les résultats obtenus dans la première séance sont venus confirmer une opinion déjà bien assise; savoir : que le moyen de bien cuire les légumes et d'avoir le meilleur bouillon, c'est d'employer des vases clos et de les chauffer à la vapeur.

Si l'on considère qu'en faisant cuire les aliments à la vapeur, il n'y a pas d'évaporation, et que par suite les vases pourront être réduits de grandeur; si l'on considère en outre, qu'aujourd'hui presque toute la cuisine du commandant et de l'état-major d'un bâtiment se fait sur des fourneaux à roulis, on se convaincra qu'avec une très-petite augmentation dans ses dimensions, l'appareil qui a été mis sous les yeux de la commission, pourrait être établi comme cuisine sur une corvette de 32 canons, ayant 228 hommes d'équipage, et consommant 684 litres d'eau par jour. En établissant les produits de l'appareil distillatoire sur ceux que nous avons obtenus, on obtiendrait, en onze heures de chauffe, 9 litres $44 + 10 + 71$ litres $= 719$ litres 44, la consommation de charbon correspondante serait 5 kilog. $70 + 0,872 + 10 \times 6$ kilog. $54 = 71$ kilog. 972.

La quantité de combustible allouée par l'ordonnance du 5 février 1823 est de 84 kilog. 7 par jour; en en réservant à peu près le tiers pour le four, la cheminée du commandant, etc., il en restera 56 kilog. pour la cuisine; il suffira donc d'embarquer un supplément de charbon de 16 kilog. par jour et de 2,880 kilog. pour six mois, pour pouvoir chauffer onze heures par jour.

En le munissant d'un appareil distillatoire de grandeur convenable, il serait possible, à la rigueur, d'expédier un bâtiment sans lui donner un litre d'eau; alors la cale n'ayant plus besoin d'être aussi spacieuse, on pourrait :

1° Augmenter la hauteur des faux ponts, chose si essentielle à la santé et au bien être des équipages.

2° Supprimer les soutes à biscuit, qui sont des foyers de pourriture, et les remplacer par des caisses placées dans la cale.

3° Prendre une beaucoup plus grande quantité de vivres, etc.

D'après ces considérations, la commission propose d'établir l'appareil à bord du navire le *Stationnaire*. L'inventeur consent à le prêter à la marine pendant tout le temps qu'elle le jugera convenable. L'état-major du bâtiment pourrait être constitué en commission pour surveiller les expériences et en constater les résultats journaliers. Chaque jour on chaufferait pendant 10 heures, ce qui donnerait une quantité d'eau plus que suffisante pour l'équipage porté à son plus grand effectif; pendant tout le temps des expériences qui dureraient au moins un mois, il ne serait consommé d'autre eau que celle provenant de l'appareil, le médecin du bord aurait pour mission spéciale d'observer les effets qu'elle produirait sur la santé des hommes; pendant une semaine le chauffeur des armateurs serait placé en subsistance à bord pour former deux hommes désignés par le capitaine, et leur indiquer tous les soins à prendre dans la conduite de l'appareil. Si les résultats de cette épreuve étaient à peu près aussi avantageux que ceux obtenus à terre, la commission proposerait alors de mettre une cuisine Peyre et Rocher sur un bâtiment faisant une longue campagne.

Rochefort, le 23 mars 1839.

Les Membres de la Commission :

Signé : ROY, président, GARNIER, ALLÈGRE, GRIMAUD, MEUNIER et CROS.

Rapport de la Commission Secondaire de la Marine de Rochefort, sur les expériences faites à bord du stationnaire, en rade de l'île d'Aix.

30 mai 1839.

Pour remplir les conditions du programme, la commission secondaire a dû s'occuper de questions se rattachant : 1° A l'économie que pourraient apporter les vases clos de l'appareil dans la quantité réglementaire d'eau que l'on accorde maintenant pour la cuisson des aliments;

2° A constater l'effet que l'emploi continuel de l'eau distillée pourrait produire sur la santé des équipages;

3° Aux personnes nécessaires pour conduire l'appareil;

4° A son établissement à bord des bâtiments de la flotte.

La commission a dû d'abord faire mettre à la chaudière un litre d'eau par homme (elle opérait sur un personnel de 32 hommes), pour arriver par tâtonnement à connaître la réduction à espérer en se servant des vases clos de l'appareil.

Dès le premier jour, 14 litres de liquide restèrent dans la chaudière après que les marins se furent amplement servis. Ce premier résultat réduisait à 18 litres l'eau nécessaire, c'est-à-dire $0^{l},56$ par homme. Plus tard il nous fut démontré qu'avec cette quantité, la part était trop large pour chacun ; et par des réductions successives, la commission secondaire est arrivée à reconnaître que $0^{l},44$ par homme suffisaient à toutes les exigences. Peut-être pourrait-on arriver à de nouvelles réductions en opérant sur un personnel plus nombreux. Si l'on se rappelle maintenant que les vases clos de l'appareil empêcheront que jamais le liquide puisse se répandre dans les plus forts roulis, on reconnaîtra que l'adoption du système de MM. Peyre et Rocher doit conduire à une réduction notable dans la capacité des chaudières.

Pendant tout le temps qu'ont duré les expériences, les matelots du *Borda* n'ont fait usage, à bord, que de l'eau obtenue par l'appareil distillatoire ; mais comme une grande partie des hommes du *Stationnaire* a de fréquentes occasions d'aller à terre, et que là elle peut se procurer d'autre eau et même du vin, il en résulte que les expériences faites sur les marins de ce bâtiment sont trop incomplètes pour permettre de porter un jugement assuré.

Quelques hommes cependant ne sont pas descendus pendant tout le mois des expériences, et n'ont fait usage que de l'eau distillée, sans que leur santé ait paru souffrir de son emploi.

La conduite de l'appareil est chose si simple, qu'il n'a fallu que six jours pour rendre experts deux hommes pris au hasard dans l'équipage du *Borda*.

L'équipage du *Borda* a reconnu avec la commission secondaire que les aliments cuisent très-bien dans les vases clos : il ne faut jamais plus de 3 heures pour compléter la cuisson des légumes secs ; mais il est convenable, surtout pour les fèves et les pois verts, de les écraser un peu, quelques instants avant de servir la soupe, pour donner une certaine liaison au bouillon.

Quant au bouillon gras, il ne se charge pas d'autant de sucs que dans les chaudières ouvertes, mais en revanche la viande est plus succulente.

En terminant ses expériences, la commission a visité l'appareil dans toutes ses parties : elle n'y a remarqué aucune altération ni trace de sel.

Extrait du rapport fait par l'Institut de Hollande, à son Excellence le Ministre des Pays-Bas.

Amsterdam, le 6 avril 1839.

La première classe de l'institut royal des Pays-Bas, des sciences, de littérature et des beaux-arts, eut l'honneur d'être invitée par une lettre de votre excellence, datée du 5 mars dernier, n° 78, section 5, d'examiner et juger un appareil de MM. Peyre et Rocher, de Nantes, destiné à rendre potable et saine toute espèce d'eau et principalement l'eau de mer. En conséquence d'une requête présentée à votre excellence, en faveur et au nom des intéressés, exprimant le désir qu'il a plu à votre excellence de faire examiner cet appareil d'une manière scientifique et légale, et de charger de cet examen la première classe dudit institut royal, la classe a cru devoir charger de l'examen de cet appareil une commission, et elle a nommé, à cet effet, MM. W.-S. Swart, G.-J. Muller et G. Vrolik, cependant ce dernier ayant été empêché par indisposition, a été remplacé par M. W. Vrolik.

La commission, après s'être concertée avec les intéressés, s'est rendue, en premier lieu à Zandroort, le 19 mars, afin d'examiner l'appareil et l'opération elle-même. Du reste, elle y a trouvé deux appareils semblables, qu'on disait être de moyenne grandeur.

Après l'examen des détails de l'appareil, facilité autant que possible par la personne présente, M. Peyre, et après qu'on eut démonté tout l'appareil, on le remplit d'eau de mer et on alluma le feu. Dans trois quarts d'heure le fluide était en ébullition, et le serpentin avait commencé à donner de l'eau qui sortait avec un jet de la grosseur d'un tuyau de pipe. La première eau sortie ayant un goût de brûlé désagréable fut jetée. Ensuite on détermina la quantité d'eau acquise par une distillation de 10 minutes, laquelle se monta à 7 litres ; ce qui répond à la déclaration qui nous fut faite, que l'eau distillée obtenue dans l'espace d'une heure, était de 40 litres. La consommation de la matière combustible a été évaluée à 4 kilogrammes de charbon par heure. Après que l'eau dont la chaudière était remplie, fut provisoirement reconnue, tant pour le goût, que pour l'apparence, comme eau de mer, et l'eau distillée, comme claire et à peu près sans goût, on fit remplir sous les yeux de la commission, deux bouteilles d'eau désignée comme eau de mer, et qui en avait en effet l'apparence, et dont on avait rempli la chaudière et deux cruches d'eau distillée.

Le résultat unanime de l'examen a été ensuite :

1° Que l'eau dont on s'était servi pour la distillation contenait tous les sels, en telle quantité, qu'il ne restait aucun doute sur sa qualité d'eau de mer.

2° Que l'eau de mer distillée, tant celle qui avait été aérée, que celle qui n'avait subi aucune manipulation ultérieure, n'est guère différente de l'eau distillée ordinaire, c'est-à-dire, de l'eau de source, de rivière ou de pluie distillée, qu'elle ne contient par conséquent rien de nuisible.

Qu'elle est peut-être inférieure à l'eau de source considérée comme boisson, mais non pas certainement à l'eau de rivière qu'elle surpasse plutôt. Celle qui a séjourné pendant un temps plus ou moins long dans des tonneaux ou autres vases, lui est préférable à cause de l'absence absolue d'odeur et de saveur mauvaises, et par sa pureté et limpidité parfaites; enfin, pour la préparation des aliments et pour le lavage, elle est supérieure à toute autre eau, et que sous ce rapport, l'eau de pluie seule, soigneusement filtrée, lui peut être comparée. Quelques détails tirés de l'examen chimique, pourront confirmer cette opinion.

L'eau de mer distillée, tant celle qui avait été aérée, que celle qui ne l'avait pas été, n'offrait aucune différence avec l'eau distillée ordinaire, par rapport à la couleur, à la saveur, à l'odeur, au poids spécifique, bien qu'el le eût été essayée par une balance des plus exactes (sensible à un demi milligramme.)

D'après ce qui précède, nous sommes conduits aux conclusions suivantes.

CONCLUSIONS :

Que l'appareil de M. Peyre et Rocher réunit plusieurs avantages, savoir :

A. Une disposition avantageuse du foyer, par laquelle la plus grande quantité de chaleur, qui puisse être obtenue d'une quantité donnée de combustible, est utilement employée. Cela rend possible et probable que la provision de combustibles, nécessaire pour cette cuisine de vaisseau, ne surpasse pas, ou de peu de chose, celle qu'exige une cuisine de vaisseau ordininaire, qui ne fournit pas de l'eau distillée.

B. L'apprêt des aliments à l'aide de la vapeur, qui est non-seulement avantageuse puisqu'elle n'exige pas un feu séparé, mais de plus, puisqu'elle ne peut communiquer une saveur désagréable et empyreumatique aux aliments mêmes.

C. Outre cela, on obtient par ce moyen une large provision d'eau pure propre à tout usage, dont l'acquisition est favorable au plus haut point, tant à la santé et aux agréments de l'équipage, qu'à la continuation non interrompue de la traversée.

La commision est donc d'avis que la possession d'une semblable appareil est un véritable bienfait pour tous les navires de mer, et que les inventeurs méritent en conséquence des encouragements de la part du gouvernement, ainsi que de la marine marchande.

La première classe se rapportant au contenu de ce rapport, espère aussi avoir satisfait à l'invitation dont l'a honorée votre excellence.

Signé : G. Vrolik,

Secrétaire de la première classe de l'Institut royal des Pays-Bas.

Première lettre du capitaine Sire, commandant l'**Édith**, à MM. H. Chauvet et A. Couat.

Nantes, le 11 mars 1839.

Messieurs, vous m'avez demandé quelques renseignements sur la manière dont a fonctionné l'appareil-cuisine de MM. Peyre et Rocher, destiné à rendre l'eau de mer potable, que vous aviez placé à bord de l'*Edith*.

Il m'a rendu de trop grands services, pour que je ne m'empresse pas de vous les faire connaître.

Pendant tout mon voyage, la quantité d'eau douce que je me suis ainsi procurée, a suffi à tous les besoins de l'équipage, de telle sorte que j'ai pu lui en donner largement pour blanchir son linge.

Quant à sa qualité, ce que je puis vous dire, c'est qu'un de mes passagers atteint d'une maladie grave et qui n'a bu que de l'eau pure, l'a trouvée ainsi que nous tous, plus agréable et, plus salubre que celle de nos futailles, que nous avions emportée par précaution et qui nous a été inutile; car, même en rade de Bourbon, je n'en ai pas envoyé chercher d'autre.

Au reste, pendant une traversée de dix mois la santé de l'équipage a été constamment très-bonne; il ne peut exister aucun doute sur sa salubrité.

Sur 170 hectolitres de charbon que j'avais à bord, comme vous le savez, je n'en ai consommé que 100 environ, et chaque jour le feu était allumé depuis six heures du matin jusqu'à huit heures du soir. Il y a donc, vous le voyez, Messieurs, une grande économie à se servir de cet appareil, puisqu'on y dépense moins de combustible que dans les cuisines ordinaires, que les légumes et viandes y cuisent plus promptement et mieux et avec le même feu qui sert à faire l'eau douce; c'est en un mot une des inventions les plus utiles à la navigation.

Signé : T. Sire.

Deuxième lettre de M. Sire à M. le rédacteur du Lloyd Nantais.

Nantes, le 14 juillet 1840.

Vous avez inséré dans votre journal de l'année dernière, une lettre que j'avais adressée à mes armateurs, MM. Chauvet et Couat, au sujet de la cuisine-distillatoire de l'invention de MM. Peyre et Rocher, qui avait été placée à bord de mon navire l'*Edith*.

L'intérêt que vous paraissez avoir pris à cette importante découverte, m'engage, au retour du second voyage que je viens de faire dans l'Inde, à vous transmettre quelques nouveaux renseignements sur l'emploi de ces cuisines et les grands avantages qu'elles offrent aux marins.

D'abord, l'eau de mer distillée est parfaitement claire, pure et salubre; mon équipage et mes passagers l'ont toujours trouvée excellente, et il n'en a pas été bue d'autre à mon bord pendant trente mois de navigation, même lorsque nous eussions pu, sur la rade de Bourbon, par exemple, nous procurer de l'eau à terre. J'attribue d'ailleurs la bonne santé dont ont constamment joui les hommes de mon bord, à ce que j'étais à même de leur fournir journellement une abondante quantité d'eau douce qui pouvait même suffire à laver leur linge.

Dans mon dernier voyage je n'ai dépensé que 120 hectol. de charbon de terre, et pour une autre cuisine il m'eût fallu au moins 12 cordes de bois, qui eussent coûté le même prix, et causé un encombrement cinq fois plus considérable.

L'eau douce que l'on obtient avec les cuisines Rocher, ne demande donc aucune autre dépense de combustible, que celle nécessaire pour la cuisson des aliments.

Par précaution, j'avais emporté la moitié de la quantité d'eau douce dont j'aurais eu besoin, si je n'avais pas eu une cuisine-distillatoire; mais je ne me suis jamais servi de cette eau, et je l'ai rapportée en France.

J'ai d'ailleurs pu remplacer par des marchandises l'espace qu'eussent pris les 5 tonneaux de pièces à eau que j'avais en moins, et il en résulte pour l'armement, par voyage, un bénéfice de 850 fr., tant pour le fret d'aller que pour celui de retour.

La certitude d'avoir toujours une abondante provision d'eau douce, même pour les mules qu'on aurait à bord, si l'on voulait augmenter la consommation du combustible, est un avantage bien précieux qui, joint au bénéfice que permet la suppression d'une partie des pièces à eau, doit engager tous les marins à se servir de ces cuisines-distillatoires.

Je serai heureux pour ma part, si le rapport exact et consciencieux que j'ai cru devoir faire dans le but de l'intérêt général, peut y avoir contribué.

Il est d'ailleurs très-facile de se servir de ces cuisines, et la mienne, après le long voyage que je viens de faire, est en très-bon état, et n'a pas besoin de réparations.

J'ai bien l'honneur, etc., Signé : T. Sirl.

Copie, par extrait, de la lettre adressée par M. Simon, capitaine du trois-mâts le **SUFFREN** *de Nantes, le 7 octobre 1837, en date de Saint-Denis (île Bourbon), à M. P. Dupuy, négociant à Nantes, armateur du susdit navire.*

Saint-Denis, 7 octobre 1837.

Nous avons à peu près brûlé six barriques de charbon, fait vingt-cinq barriques d'eau bonne, et fait notre cuisine, dans le plus grand mauvais temps, avec plus de facilité qu'avec les autres cuisines; le problème est donc enfin résolu : avec six barriques de charbon, qui tiennent beaucoup moins de place que trois cordes de bois, un navire de quatre cents tonneaux peut, dans une traversée de Bourbon, faire en même temps que la cuisine, une trentaine de barriques d'eau douce, quantité suffisante pour l'équipage. J. Simon.

Rapport du capitaine J. Simon, commandant le **SUFFREN** *de Nantes, armateur M. P. Dupuis.*

Cordemais, le 5 février 1840.

Depuis trois ans je me sers de votre cuisine à distiller l'eau de mer, et j'ai voulu attendre le résultat de cette longue expérience avant de vous faire connaître d'une manière positive mon opinion sur son usage.

Aujourd'hui, j'ai la conviction qu'elle n'offre aucun inconvénient, et que son utilité incontestable sera, d'ici à peu de temps, généralement appréciée de tous les marins qui s'en serviront. Pendant le dernier voyage que je viens de faire à Bourbon, j'ai obtenu, sans plus de peine ni plus de combustible qu'il n'en eût fallu pour une cuisine ordinaire, toute l'eau nécessaire au besoin de mon équipage et de mes passagers; et cette eau que j'ai produite, tout en faisant la cuisine, était beaucoup plus agréable que celle qu'on a d'habitude à bord.

Ensuite, n'ayant emporté qu'une très-petite quantité d'eau, j'ai pu prendre en place des marchandises qui ont payé un fret. Vos appareils offrent donc de grands avantages aux armateurs qui voudront s'en servir.

J'ai l'honneur, etc. J. Simon.

Premier rapport du capitaine de corvette Lavaud, commandant l' **AUBE**, *à M. le Ministre de la Marine.*

Rade de Gorée, le 24 mars 1840.

Monsieur le Ministre,

Nous sommes parvenus à faire cuire nos aliments et à donner à l'équipage trois repas chauds, en ne brûlant que 7 kilog. de charbons de terre en sus de la ration, et avec ce combustible nous obtenons 175 à 180 litres d'eau distillée.

En ne brûlant que la quantité de charbon de terre accordée par le réglement (41 kilog.), je ne puis donner les trois repas chauds à l'équipage, et l'appareil ne produit alors que 100 à 110 litres d'eau douce. Bien que les 175 litres ne me soient pas nécessaires, je continuerai à les produire, préférant brûler un peu plus de combustible et donner à l'équipage les trois repas chauds, plutôt que de le priver de l'un d'eux, en me réduisant à la ration déterminée par le réglement.

La cuisine dont il est question est de notre part l'objet d'un grand soin, et n'a pas encore eu besoin de la plus légère réparation. Lavaud.

Deuxième rapport du capitaine de corvette Lavaud, commandant la station de la Nouvelle-Zélande.

Baie d'Akaroa, le 31 août 1840.

MONSIEUR LE MINISTRE,

J'AI l'honneur de vous informer qu'après les sept mois pendant lesquels la cuisine-distillatoire de MM. Peyre et Rocher, de Nantes, vient de fonctionner, j'ai fait visiter cet appareil, auquel il n'y a pas eu la plus légère réparation à faire. Cette cuisine distillait chaque jour 200 litres d'eau, tantôt plus, tantôt moins, selon la quantité d'eau qu'il fallait introduire dans la chaudière, en raison du plus ou du moins mauvais temps que nous avions.

L'appareil est trop grand pour une corvette; mais il serait plus productif sur un plus grand bâtiment, puisqu'alors il donnerait, en brûlant 68 et 78 kilog. de charbon de terre, 700 à 750 litres; ce qui serait à peu près 10 litres d'eau pour un kilog.

Quant à la qualité de l'eau, elle ne laisse rien à désirer; en la soufflant convenablement, elle est fort bonne au goût, surtout quand elle a séjourné pendant 3 ou 4 jours dans la caisse, et ses effets ne sont nullement contraires à la santé des personnes qui en font usage. Les 200 litres que nous obtenons chaque jour forment à peu près la moitié de la consommation.

Je suis, etc.

Le capitaine de la corvette commandant la station de la Nouvelle-Zélande,

LAVAUD.

Extrait d'une lettre de M. Aug. Lucas, commandant le navire l'ORIENTAL-HYDROGRAPHE, adressée à MM. J. Despecher et A. Bonnefin, ses armateurs le 26 avril 1840, après avoir passé le détroit de Magellan.

JE suis très-satisfait de la cuisine à distiller l'eau de mer de MM. Peyre et Rocher de votre ville; c'est une découverte immense et dont le peu d'usage prouve combien les vieilles routines sont difficiles à détruire. Cet appareil nous a donné 8 hectolitres pour un de charbon de terre; dans les circonstances les plus défavorables (les pays froids), elle nous faisait assez d'eau pour la consommation de 80 personnes, à discrétion, et qui presque toutes faisaient leur toilette à l'eau douce: nous obtenions 45 veltes d'eau en 12 heures.

Veuillez présenter à MM. Peyre et Rocher toutes mes félicitations à ce sujet, et leur dire qu'ils méritent de la marine et du pays quelque chose de mieux que ce qu'ils ont obtenu jusqu'à ce jour.

Pour extrait conforme à l'original en nos mains:

Nantes, 12 septembre 1840.

J. DESPECHER et A. BONNEFIN.

Rapport du capit. Latapie, commandant le navire l'OSCAR, armateurs MM. J. Sorbé et fils, de Bordeaux.

Bordeaux, 4 septembre 1840.

JE viens un peu tard, Messieurs, remplir la promesse que je vous fis à l'époque de mon départ l'année dernière, de vous rendre compte de l'appareil distillatoire que vous établîtes à bord du navire l'*Oscar* que je commande. Il a fallu, croyez-le bien, que des circonstances indépendantes de ma volonté, soient venues me distraire de ce plaisir, dont je m'étais fait un devoir; mais je savais qu'il ne pouvait pas y avoir de péril en la demeure, parce que les faits de l'espèce de ceux que j'ai à vous signaler n'ont pas de péremption et ne peuvent pas être changés, leur matérialité n'a pas besoin du secours de l'intelligence: ils sont clairs comme la ténacité du fer, l'élasticité du gaz, etc., etc.

Avant d'entrer en matière, je vous prie de me permettre une courte digression.

De temps immémorial, l'humanité appelait de ses vœux un moyen préservateur des angoisses terribles que la privation d'eau douce peut faire endurer aux navigateurs. La chimie appliquée a cette intéressante question, avait déjà fourni le moyen de distiller l'eau de mer, et quelques machines informes avaient été établies à bord de certains navires de guerre, dans des cas extraordinaires, mais jamais le résultat n'avait été satisfaisant. Cook, Lapérouse, d'Entrecasteaux, etc., avaient fait avec succès, il est vrai, des voyages de circumnavigation, et leurs relations nous présentent presque constamment le tableau des souffrances que ces hommes intrépides avaient eues à supporter, principalement par le manque ou l'altération de l'eau. Tous, jusqu'à l'époque du voyage de M. Freycinet, se soumirent sans murmures à cette espèce de fatalité, et aucun jusqu'à ce dernier ne chercha sérieusement un moyen de rendre l'eau de mer potable. Il est vrai de dire que l'emploi de la vapeur était ignoré dans ce temps, et que le procédé a employer n'est qu'un corollaire de ce grand principe. Combien d'autres en découleront dans la suite!

Quoi qu'il en soit, et nonobstant l'appareil Freycinet, qui peut et doit être considéré comme un gouvernail de fortune, la difficulté était encore tout entière, lorsque vous eûtes l'heureuse idée d'un appareil distillatoire qui remplit souverainement l'objet en question; et désormais, grâce à lui, les marins de tous les pays, pourront effectuer les voyages les plus lointains, sans avoir à craindre d'être privés d'eau douce, cet élément essentiel de notre existence.

Vous vîntes vous-mêmes à Bordeaux en 1837 pour y faire des expériences: aucun homme de mer n'y fut invité; des chimistes et des médecins formant la commission ne firent même pas un rapport. Il en résulta que vous en fûtes pour vos frais, et que vous pûtes supposer qu'il y avait malveillance.

Pour moi qui vaais assisté en curieux a cette séance, et qui m'étais rendu compte du procédé, j'eus toujours la conviction qu'il devait produire le meilleur effet, et j'attendais impatiemment l'occasion de me procurer un de vos appareils. La construction du navire l'*Oscar* me l'a fourni, et je m'en félicite autant pour mon propre compte que sous le rapport du progrès; je dis sous ce dernier point de vue, parce que je proclamerais ce bienfait jusque sur les toits, de manière à faire honte à l'ignorance, à l'apathie, à l'égoïsme: car ces trois vices de la société sont essentiellement destructeurs ou stationnaires, et je sens aussi vivement que possible que, à mesure que le siècle marche, il faut créer.

Quelques hommes riches, armateurs par caprice ou par intérêt, ne manqueront pas de dire: on a navigué 500 ans, sans l'appareil Peyre et Rocher, et, quoi que vous en disiez, les évènements provenant du manque d'eau ont été rares; par ainsi, on peut s'en passer encore d'autant mieux que l'heureuse découverte d'Appert économise considérablement l'eau d'approvisionnement.

A cela on peut répondre : on a vécu 5,000 ans, sans savoir que l'air avait de la pesanteur et de l'élasticité, que le sang avait une circulation dans les veines, que la terre tournait sur son axe, etc., etc.; est-ce à dire que ces découvertes n'ont rien ajouté à la somme des connaissances humaines? La machine pneumatique, la cloche à sonder, ne sont-elles pas des bienfaits énormes? Le cercle de réflexion, le chronomètre qui date à peine d'un demi siècle, n'ont-ils pas contribué à la rectification des cartes marines? Et pourriez-vous nombrer les individus, et les navires qui ont péri en voyageant soit avec des instruments imparfaits, soit avec des cartes fautives!

Allons, allons! Honte à vous, déités aveugles! Ignorance, égoïsme, vous ne valez pas qu'on dispute avec vous.

Je vais maintenant, Messieurs, entrer plus particulièrement dans les faits.

Vous savez que deux expériences annoncées par les journaux furent faites publiquement à bord de l'*Oscar* en rade de Bordeaux, au mois de décembre 1839, qu'elles réussirent parfaitement; car l'appareil fournit constamment, au moyen d'un feu modéré, demi-litre d'eau par minute. Enfin, vous fûtes témoins avec une foule de visiteurs que cette eau, soumise à l'action de deux réactifs (le nitrate d'argent et le muriate de baryte), ne dénota jamais la présence d'un corps capable de troubler sa limpidité. Elle était agréable au goût, quoiqu'un peu fade.

L'eau distillée, tout le monde le sait, a besoin de ventilation pour devenir potable, ou de l'aggrégation d'une quantité relative d'acide carbonique, ou de chlorure, etc., c'est dans cet objet que vous m'aviez pourvu d'un énorme soufflet, dont je vous déclare n'avoir jamais fait usage; je déclare avec la même franchise que je n'ai rien ajouté à l'eau provenant de l'appareil, dans l'objet de lui restituer l'oxigène dont elle est dépourvue à la sortie du réfrigérant.

J'ai pensé qu'en faisant construire un foudre cylindrique placé de manière à recevoir l'eau distillée, et de telle sorte que les mouvements de roulis du navire, qui sont les plus généraux, lui en imprimassent un à lui-même, j'obtiendrais le même résultat que par l'éventilation. Je n'ai pas été trompé dans mon attente; et, pendant deux mois que j'ai consommé de l'eau de mer ainsi distillée par l'appareil, personne à bord n'a remarqué qu'elle différât de l'eau de source, *et personne aussi n'en a été indisposé.*

Or, voici comment était formé le personnel de mon navire : vingt hommes d'équipage, vingt-quatre passagers, dont cinq dames; en tout quarante-quatre personnes, pour lesquelles elle a toujours été à discrétion, même pour la toilette, le lavage, etc., etc.

En sus du personnel, quatre moutons, trois porcs, cinq cents volailles de toutes espèces, exigeant l'emploi d'une grande quantité d'eau.

Et pourtant la consommation journalière du combustible n'a pas été au-delà, terme moyen, de vingt kilog. de charbon par jour, soit deux kilog. par heure, depuis 7 heures du matin jusqu'à 5 heures du soir.

Je vous avais promis, vous vous en souvenez, Messieurs, de faire tout ce que je pourrais pour la propagation de votre procédé, et je me faisais un vrai plaisir de joindre mes faibles efforts aux vôtres, dans l'intérêt général de cette classe si intéressante des gens de mer, et si indifférente par nature, qu'il faut absolument qu'on s'occupe pour elle de son bien-être, auquel elle est toujours la dernière à songer. Aussi avant d'entrer dans le Mississipi, eus-je soin de me pourvoir de quelques barriques d'eau salée, pour être en mesure de faire des expériences à la Nouvelle-Orléans.

Secondé par le patriotisme éclairé de MM. les rédacteurs du journal français l'*Abeille*, j'eus le bonheur de faire pendant tout un jour, en présence d'un grand concours de monde, médecins, marins, savants, négociants, etc., l'épreuve de votre appareil, avec un succès marqué et à la grande surprise des marins américains; ces succès furent tels, que plusieurs des assistants me prièrent de leurs donner de cette eau pour la faire goûter à leurs familles.

Mon retour de la Nouvelle-Orléans au Havre, n'ayant alors que vingt-sept personnes à bord, a constaté de nouveau le bienfait de l'appareil distillatoire. J'en étais tellement convaincu d'avance, que j'avais cédé les pièces à eau, que j'avais embarquées par précaution, au navire la *Ville-de-Bordeaux*, dont les passagers étaient fort nombreux.

Quant à la qualité de l'eau distillée, mon foudre en contenait encore à mon arrivée au Havre; elle a été éprouvée par plusieurs capitaines de ce port, à qui j'ai remis des notes semblables à celles que je vous adresse.

Une particularité dont le bienfait a été encore constaté dans le cours de ce voyage, c'est qu'en vidant mon appareil à chaud et en recueillant les dépôts de la cucurbite, j'ai trouvé et au-delà le sel nécessaire à la consommation.

Pour dernière réflexion, j'ajouterai que la distillation n'est pas aussi abondante dans les grands mouvements du navire, que lorsqu'il est en repos ou simplement incliné, il y avait des jours ou je ne faisais que les 3/5 de l'eau que j'obtenais habituellement, mais je n'en ai jamais fait moins de 20 litres par heure.

Tels sont, Messieurs, les faits que j'avais hâte de vous signaler, ce que mes occupations m'ont empêché de faire jusqu'à ce jour; je désire que vous y trouviez la preuve de ma satisfaction.

J'ai l'honneur d'être, etc.,

Signé : J. LATAPIE.

Rapport de MM. C.-P. Berghuis et Zweers, commandant les navires MARIA-SUZANNA-HENDRIKA et DOCTRINA-AMICITIA, d'Amsterdam.

Au commencement de l'année passée nous mîmes en mer pour Java, ayant chacun à bord une cuisine-distillatoire, inventée par MM. Peyre et Rocher, de Nantes.

L'application d'un tel appareil pour distiller l'eau de mer, la rendre potable et saine, est suffisamment connue. A cet immense résultat se joint l'avantage qu'on fait la cuisine avec le même chauffage qui opère la distillation.

Pendant toute la durée de notre voyage, l'appareil nous a constamment fourni d'excellente eau, en telle quantité que passagers et équipage ont pu s'en servir à discrétion, et que, même durant notre séjour aux Grandes-Indes, nous ne nous sommes jamais servi d'autre eau que de celle provenant de notre fabrication. Rassurés sur la solidité et sur le mérite de l'appareil, nous fîmes notre retour sans inquiétude, et nous avons la satisfaction de déclarer qu'il n'a pas manqué une seule fois à son devoir, malgré le gros temps que nous avons eu à subir; et qu'au dernier moment de notre retour, il travaillait avec la même facilité qu'au jour où nous eûmes le plaisir d'en faire pour la première fois l'application à bord d'un navire national.

Tout le chauffage, dont le premier capitaine soussigné s'est servi pour son appareil, pendant toute une année, a consisté en 13 hœds de charbon de terre d'Ecosse et environ 6 brasses de bois que l'on emploie de préférence sous les tropiques.

Le second capitaine soussigné, dont l'appareil est beaucoup plus grand, s'est servi de 15 hœds de charbon de terre et 15 brasses de bois.

En remplaçant les tonneaux d'eau ordinaire, par un semblable appareil, il résulte encore pour l'armateur le grand avantage d'épargner des frais, en gagnant considérablement d'emplacement.

Conformément à notre rapport, nous croyons devoir recommander le plus fortement possible à MM. les armateurs l'emploi de cet appareil, dont l'heureuse invention est d'un prix inappréciable pour la navigation, et dont un usage plus général constatera de plus en plus le mérite.

Le capitaine de la Maria-Suzanna-Hendrika, C.-P. BERGHUIS.

Le capitaine de la Doctrina-Amicitia, D. ZWEERS.

Rapport du capitaine Débia, commandant le VISCHNOU, armateurs MM. Durin Chaumel jeune et Cie, de Bordeaux.

Bordeaux, le 12 juin 1841.

COMMANDANT le navire de Bordeaux le *Vischnou*, et arrivant d'un voyage fait à la côte Coromandel et au Bengale, je vous écris, Messieurs, pour vous faire part de la bien sincère satisfaction que, durant mon voyage, m'a procurée la cuisine-distillatoire sortant de vos ateliers, et que j'avais embarquée à bord de mon navire, lors de mon départ de Bordeaux. Les résultats que cet appareil procure sont trop grands, et le but atteint de ne plus mourir de soif à la mer, vous méritent des éloges trop justement acquis, pour que je ne me joigne pas à ceux de mes confrères qui, ayant usé de votre appareil avant moi, se sont empressés de vous en féliciter amplement.

Sorti de la rivière de Bordeaux le 23 mai 1840, avec un équipage de 14 hommes tout compris, sans passagers, je mouillai sur rade de Pondichéry le 2 septembre, au matin. Durant tout ce laps de temps, l'appareil a constamment si bien fonctionné et m'a donné une telle quantité d'eau, que mes deux réservoirs, jarres à eau pour la chambre, charnier pour l'équipage, se trouvant toujours pleins, très-souvent j'ai été dans l'obligation de laisser couler à la mer l'excédant de l'eau distillée, ne sachant où la loger, quoique l'équipage ne se fit pas faute de s'en servir pour laver le linge.

Durant trois mois, nous avons consommé 28 hectolitres de charbon, et tout s'est toujours fait cuire à l'eau douce. La consommation de ce dernier combustible va à peu près à 2 kilogrammes par heure, et à chauffer 12 heures par jour, l'on peut faire grandement 240 litres d'eau potable. Allumant l'appareil vers les six heures du matin et l'éteignant à peu près vers trois heures et demie du soir, et très-souvent, pour ne pas dire presque toujours, dans ma traversée d'aller, n'entretenant que le feu nécessaire pour ne pas le laisser éteindre, j'ai distillé journellement 180 litres d'eau, quantité si supérieure à la consommation de chaque jour qu'il me fallait nécessairement m'en défaire d'une manière ou d'autre, et je n'avais, comme je l'ai dit plus haut, que le moyen de la jeter.

Parti de Madras le 19 septembre pour Calcutta, avec 10 passagers, deux domestiques indiens et un cheval, je n'ai mouillé devant Calcutta que le 2 octobre. La distillation a suffi à la consommation journalière, et cette consommation était d'autant plus forte, que la chaleur durant quinze jours a été constamment étouffante.

Pendant les trois mois que j'ai passés à Calcutta, réduit alors à l'équipage, obligé que l'on était alors, comme dans la traversée de France à Pondichéry, de laisser couler le superflu de l'eau, cette dernière excédant plus que la consommation journalière.

En retour de Calcutta pour France, j'avais une augmentation d'équipage de trois hommes; plus, trois passagers mâles, une femme hindoustane, son enfant et deux domestiques femelles indiennes. J'ai eu une traversée de 117 jours de mer; j'ai eu à lutter contre de très-petits temps, contre des calmes et surtout dans les latitudes les plus chaudes. Il y avait donc à bord du *Vischnou* 24 personnes, plus les volailles, moutons, oies, canards, pigeons, chèvres, etc. L'eau constamment a été à discrétion : autant que les animaux en ont voulue, autant on leur en a donnée. Les natifs de l'Inde ont l'habitude de se laver et de se baigner à toute heure et continuellement. Les trois femmes et l'enfant consommaient quelquefois par jour autant que l'équipage réuni. Dans les chaleurs, l'enfant était baigné très-souvent deux fois par semaine à l'eau douce. Mon second, malade, a été obligé de prendre deux ou trois fois de pareils bains. Chaque semaine le linge de table était lavé, souvent l'équipage lavait aussi le sien; quelquefois les domestiques, les officiers et moi-même avons fait laver divers objets. La peinture du navire intérieurement a été deux fois lavée à l'eau douce; le plancher de la chambre et des cabanes était savonné avec la même eau; enfin, pour en finir, c'était parfois plutôt un gaspillage qu'une consommation.

Pendant 117 jours je n'ai consommé, en plus de la distillation, que 11 barriques sur les 20 que j'avais embarquées par précaution. J'aurais certainement pu ne pas toucher à ces dernières; mais ayant avec ces 20 barriques beaucoup plus d'eau que je ne pouvais en consommer, je n'ai pas cru devoir priver personne d'en faire usage à sa volonté, et principalement devoir rationner les animaux qui s'en sont supérieurement bien trouvés et qui se sont très-bien conservés, surtout les moutons : ces derniers en étaient pourvus à pleins seaux, tant qu'ils voulaient en boire.

Quant à la qualité de l'eau, elle ne laisse rien à désirer pour son bon goût. Elle est parfaite, très-saine et très-agréable au palais; et lorsque par hasard l'on servait aux repas une carafe d'eau prise dans les pièces de réserve, les passagers et nous tous savions de suite en faire la différence. Autant l'eau distillée est agréable, limpide et bonne, autant la dernière est toujours empreinte d'une teinte jaune et d'un goût de bois que l'on trouve désagréable, lorsque le palais est habitué à une eau aussi bonne que l'eau distillée par votre procédé.

N'ayant qu'à me louer, Messieurs, du service immense que vous avez rendu à la navigation, et ayant bien reconnu par moi-même l'inappréciable avantage, puissent tous mes confrères utiliser un appareil dont chacun d'eux, je n'en doute pas, Messieurs, s'empressera à leur tour de vous en témoigner toute leur satisfaction, heureux de mon côté de pouvoir en agir ainsi.

J. Débia.

Port de Rochefort. — Marine Royale. — Exercice 1842.

Procès-verbal de Recette de la Cuisine-Distillatoire fournie au **Gomer**, par MM. Peyre et Rocher, de Nantes.

La commission nommée par M. le vice-amiral préfet du 4me arrondissement maritime, pour procéder aux épreuves du *Gomer*, avait en même temps été chargée de la recette de l'appareil distillatoire, fourni par MM. Peyre et Rocher, en vertu de leur marché approuvé le 1er décembre 1841.

Avant de prendre le large, pour procéder aux épreuves du *Gomer*, la commission composée de :

MM. Laurencin, capitaine de corvette, président;
Dufresnil, capitaine de corvette;
Cros, sous-ingénieur;
Durousier, lieutenant du *Gomer*;
Moll, sous-ingénieur;
Gaude, sous-commissaire, représentant le commissaire général;

A employé une journée aux expériences de distillation et à l'examen de l'appareil culinaire fourni à ce bâtiment.

De cet examen il résulte que, sous le rapport de la composition de l'appareil, les fournisseurs ont rempli toutes les conditions qui leur sont imposées par les divers articles de leur marché.

Quand au produit de la distillation, il a été de 120 litres par heures, et chaque kilogramme de charbon consommé a donné 8 litres à sa sortie du serpentin. Cette eau à un léger goût empyreumatique, mais passée au filtre, il est difficile de la distinguer de celle qui provient des fontaines ordinaires.

La commission avait encore à s'assurer que, sous le rapport culinaire, l'appareil de MM. Peyre et Rocher remplissait parfaitement le but; pour cela elle a goûté les gourganes au moment de la distribution à l'équipage, et elle les a trouvées parfaitement cuites.

En résumé, dans la fourniture de l'appareil distillatoire, destiné au *Gomer*, MM. Peyre et Rocher ont non-seulement rempli tous les engagements qu'ils avaient contractés envers la marine, mais encore ils les ont dépassés, puisqu'ils ne s'étaient engagés qu'a fournir 6l,50 d'eau potable, par chaque kilogramme de charbon consommé, et qu'ils en ont donné huit.

Rochefort, le 28 mars 1842.

Les membres de la commission.

Port de Rochefort. — Marine Royale. — Exercice 1842. Procès-verbal de recette de la Cuisine-Distillatoire fournie à l'**ALCMÈNE**, par MM. Peyre et Rocher, de Nantes.

La commission spéciale nommée par M. le préfet du 4me arrondissement maritime, pour procéder à la recette de l'appareil distillatoire fourni par MM. Peyre et Rocher, et composée de :

MM. Fornier-Duplan, capitaine de corvette, président;
Gachina, lieutenant de vaisseau;
Naigeon, sous-commissaire;
Chariot, sous-ingénieur;

S'est réunie ce jour à bord de la frégate l'*Alcmène*.

L'examen de cet appareil a fait connaître qu'il est parfaitement confectionné, et que les fournisseurs se sont conformés aux prescriptions de leur marché, tant pour la forme que pour les dimensions des diverses parties dont il est composé.

Le produit de la distillation, après la mise en train de l'appareil, a été de **144** litres par heure, et chaque kilogramme de charbon de terre employé a donné **12** litres d'eau. A sa sortie du serpentin cette eau possède un léger goût d'airain, mais passée au filtre ou aérée, elle paraît aussi bonne que l'eau des fontaines ordinaires.

La commission s'est également assurée que, sous le rapport culinaire, la cuisine-distillatoire ne laisse rien à désirer.

En résumé, la quantité d'eau distillée ayant été de **144** litres par heure, et chaque kilogramme de charbon de terre consommé tant pour cette opération que pour la cuisson des aliments, ayant donné **12** litres d'eau potable, la commission reconnaît que, dans la fourniture de cet appareil comme dans celle de ceux du *Gomer* et de l'*Asmodée*, MM. Peyre et Rocher ont même outre-passé leurs engagements, et prononce en conséquence l'admission de l'appareil dont il s'agit.

Rochefort, le **17** août **1842**.

Les membres de la commission.

Approuvé l'admission en recette de l'appareil dont il s'agit.

Rochefort, le **19** août **1842**.

Le Préfet Maritime.

Extrait du Lloyd Nantais, du 11 mars 1842.

On vient de nous communiquer l'extrait d'une lettre écrite à une maison de Bordeaux, qui confirme les avantages désormais évidents pour tout le monde, que l'on peut retirer des ingénieux appareils distillatoires de MM. Peyre et Rocher, de Nantes.

« Cet appareil tient tout ce qu'il promet. De la Nouvelle-Orléans, et avant, de la Guadeloupe à la Nouvelle-Orléans (et nous étions alors 60 personnes à bord), nous ne nous sommes servis que de l'eau de notre appareil, qui peut nous donner, sans trop chauffer, 200 litres d'eau dans la journée. C'est pour un navire un meuble bien précieux, facile à manœuvrer, pourvu qu'on se soit donné la peine de se faire instruire avant de partir, et il ne faut pas plus d'une demi-heure pour cela.

» Pour moi, je suis enchanté de cette cuisine, pour l'agrément d'avoir de très-bonne eau et en abondance.

» Voilà, mon cher Monsieur, tout ce que je puis vous dire de la cuisine Peyre et Rocher. La marine doit de la reconnaissance aux inventeurs d'un appareil si précieux. »

Lettre du capitaine Beck, commandant le **GLOBE**, armateurs J.-J. Bosc et Cº, de Bordeaux.

Bordeaux, le 18 août 1842.

J'ai le plaisir de vous adresser ces lignes pour vous témoigner combien j'ai été satisfait de l'appareil distillatoire embarqué à bord du navire le *Globe*, à MM. J.-J. Bosc et Cº. Pendant un voyage à Calcutta, qui a duré plus d'un an, cet appareil a fonctionné chaque jour, fournissant, avec seulement le combustible nécessaire à la cuisson des aliments, plus d'eau qu'il n'en fallait pour la consommation de 20 personnes et plusieurs animaux.

L'eau que j'ai obtenue avec votre appareil est excellente, et je ne l'ai jamais fait ventiller, et cependant personne ne s'est plaint de sa pesanteur; sortant du serpentin elle était reçue dans une pièce en tôle, de la contenance d'un kilolitre, et de là transportée selon les besoins dans les jarres et charniers. Je ne vous dirai rien, Messieurs, de l'économie qui résulte de l'adoption de votre appareil à bord des navires du commerce, ni de l'avantage immense de pouvoir donner l'eau à discrétion à des hommes qui n'éprouvent que trop de privations de tous les genres. Ces faits sont trop patents et trop appréciés par les marins, pour qu'il soit nécessaire de vous en parler après tous mes collègues, qui, comme moi, en ont éprouvé les bienfaits.

J'ai l'honneur, etc. F. Beck.

Rapport du capitaine Courlois, commandant le navire la **NANTAISE**, armateur M. A.-H. Bonamy, de Nantes.

Le 26 décembre 1842.

Pendant tout le cours de mon voyage, je n'ai eu qu'à me louer de la cuisine-distillatoire de MM. Peyre et Rocher. J'ai fait beaucoup plus d'eau qu'il ne m'en fallait pour la consommation journalière du bord; et, lorsque j'avais des mules, je distillais, terme moyen, quarante à quarante-cinq veltes d'eau, en chauffant environ pendant quatorze heures.

Cette eau n'a besoin d'aucune préparation; elle est très-limpide et très-salubre. Ce qui pourrait peut-être prouver sa salubrité, c'est que je n'ai eu aucun homme malade pendant mon voyage, qui a duré un an.

J'engage tous mes collègues à se munir de cet appareil, qui est aussi simple que commode et avec cela très-économique, pensant bien que, comme moi, ils n'auront qu'à s'en louer.

A. Courtois.

Premier extrait d'une lettre du capitaine J. Blay, commandant le navire le **JULES-CÉSAR**, *adressée à ses armateurs, de Rio-Janeiro, en date du 28 octobre 1842.*

Notre appareil distillatoire de Peyre et Rocher a parfaitement fonctionné pendant notre traversée; il nous a donné continuellement de 190 à 200 litres d'eau par jour, depuis sept heures du matin jusqu'à quatre heures du soir, sans forcer le feu. L'eau, après avoir été agitée dans le charnier, est excellente, et nous n'en avons pas consommé d'autre.

La consommation est d'un demi-hectolitre par jour l'un dans l'autre; car dans le mauvais temps on en emploie un peu plus, parce que le vent qui pénètre dans la cuisine active le feu.

Ces cuisines exigent peu de soins; il suffit d'y passer de l'eau tous les soirs, de nettoyer le four une fois par semaine, et de démonter le bassin tous les quarante ou cinquante jours pour en enlever le tartre.

Pour extrait conforme à l'original,

Signé : Merckel et Schroder.

Deuxième extrait d'une lettre du capitaine Blay, commandant le navire le **JULES-CÉSAR**, *parti de Bordeaux dans le mois de septembre 1841, pour Valparaiso, et naviguant depuis dans les mers du Sud, comme transport de l'état.*

Valparaiso, 30 août 1842.

Ma cuisine à appareil distillatoire de MM. Peyre et Rocher fonctionne toujours parfaitement; l'eau en est excellente, et elle m'en a donné suffisamment pendant mon voyage à Noukahiva (une des Marquises), non-seulement pour permettre à l'équipage de s'en servir tous les dimanches pour laver le linge de corps, mais encore pour abreuver une vingtaine d'animaux, tels que chevaux, vaches, ânes, brebis et chèvres.

Les officiers des bâtiments de guerre ont reconnu les bonnes qualités de cette eau.

Blay.

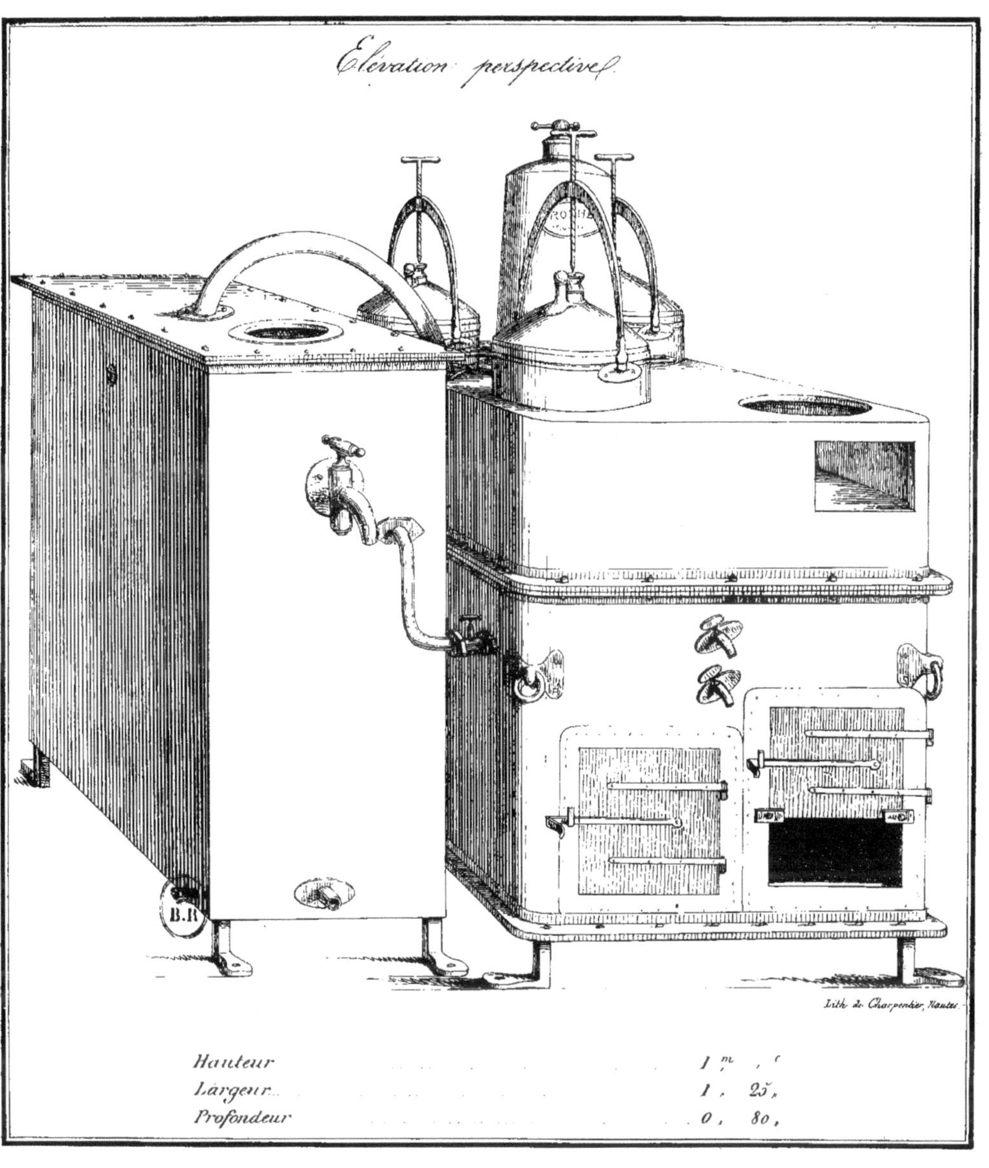

Hauteur	1 m, [illegible]
Largeur	1, 25,
Profondeur	0, 80,

Prix Courant
DES APPAREILS CUISINES-DISTILLATOIRES

Dans les Magasins des Vendeurs, sans escompte.

Appareils pour des navires de 300 tonneaux et au-dessous.............. 1700 fr.
Appareils pour des navires de 300 à 600 tonneaux, prenant des passagers.. 2000
Appareils pour les mêmes navires, ayant un plus grand four pour cuire le pain. 2500
Appareils pour les navires transportant des émigrans ou des animaux........ 3000

DES DÉPOTS

Sont établis dans les Principaux Ports :

A Nantes, MM. A. Carié et C°, Gérants de la Société.
Les Inventeurs, quai des Constructions.

A Bordeaux, MM. A. Mallet, rue Devise.
H. Bertrand, rue Ausone.
Rousselle et Privat, fabricants, rue du Pont-Saint-Jean.

A Bayonne, M. Manescau.

A Marseille, M.

Au Havre, M. C.-F. Verner.

A Saint-Malo, M.

A Dunkerque, M.

A Londres, M. Braithwaite, 4, Milleman Street, Bedford-Row.

A Amsterdam, MM. Dixon et C°, fabricants de machines.

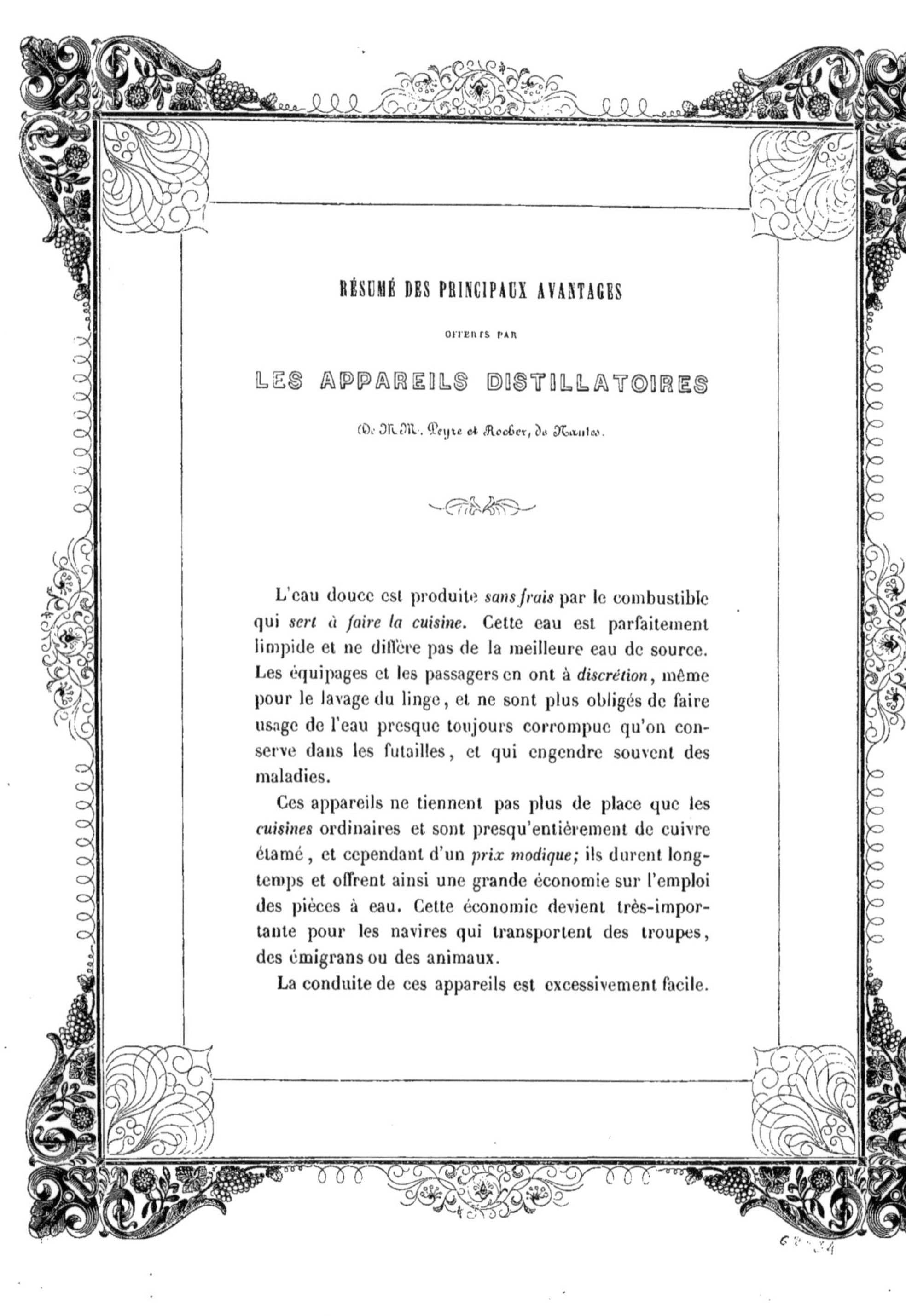

RÉSUMÉ DES PRINCIPAUX AVANTAGES

OFFERTS PAR

LES APPAREILS DISTILLATOIRES

De MM. Peyre et Rocher, de Nantes.

L'eau douce est produite *sans frais* par le combustible qui *sert à faire la cuisine.* Cette eau est parfaitement limpide et ne diffère pas de la meilleure eau de source. Les équipages et les passagers en ont à *discrétion*, même pour le lavage du linge, et ne sont plus obligés de faire usage de l'eau presque toujours corrompue qu'on conserve dans les futailles, et qui engendre souvent des maladies.

Ces appareils ne tiennent pas plus de place que les *cuisines* ordinaires et sont presqu'entièrement de cuivre étamé, et cependant d'un *prix modique;* ils durent longtemps et offrent ainsi une grande économie sur l'emploi des pièces à eau. Cette économie devient très-importante pour les navires qui transportent des troupes, des émigrans ou des animaux.

La conduite de ces appareils est excessivement facile.

www.ingramcontent.com/pod-product-compliance
Ingram Content Group UK Ltd.
Pitfield, Milton Keynes, MK11 3LW, UK
UKHW012126240726
13965UKWH00005B/2005

9 782013 375344